我的宠物书

驯狗有方
简易实用
狗狗驯养术

原版引进自 | rustica éditions

[法] 科莱特·阿帕扬热博士 编著

傅玮 译

U0394702

中国农业出版社
CHINA AGRICULTURE PRESS
北京

图书在版编目（CIP）数据

驯狗有方：简易实用狗狗驯养术 /（法）科莱特·
阿帕扬热编著；傅玮译. —北京：中国农业出版社，
2021.3（2023.7重印）
（我的宠物书）
ISBN 978-7-109-27293-4

Ⅰ. ①驯… Ⅱ. ①科… ②傅… Ⅲ. ①宠物—犬—驯
养 Ⅳ. ①S829.2

中国版本图书馆CIP数据核字（2020）第170847号

Title: Oh My Dog !,
By Colette Arpaillange
© First published in French by Rustica, Paris, France – 2013
Simplified Chinese translation rights arranged through Dakai – L'agence

Crédits photographiques
Photos de couverture : Fotolia (plat i), Thinkstock (plat iv).

Fotolia : pp. 4, 8, 13, 19, 22, 29, 39, 43, 51, 53, 61.
Getty Images : p. 56 (PhotoTalk).

Illustrations : Valérie Coeugniet.

本书中文版由法国弗伦吕斯出版社授权中国农业出版社独家出版发行，本书内容的任何部分，事
先未经出版者书面许可，不得以任何方式或手段刊登。

合同登记号：图字 01-2019-6735 号

驯狗有方：简易实用狗狗驯养术
XUNGOU YOUFANG: JIANYI SHIYONG GOUGOU XUNYANGSHU

中国农业出版社出版
地址：北京市朝阳区麦子店街 18 号楼
邮编：100125
责任编辑：刘昊阳
责任校对：吴丽婷
印刷：北京缤索印刷有限公司
版次：2021 年 3 月第 1 版
印次：2023 年 7 月北京第 2 次印刷
发行：新华书店北京发行所
开本：710mm×1000mm 1/16
印张：3.75
字数：90 千字
定价：29.80 元

目　录

第一章

了解幼犬

行为发展

从出生到成年，狗狗的行为是逐渐发展成熟的。有些阶段，例如社会化和自控能力的习得是幼犬发育完善的必经之路，这对小狗的健康发育至关重要。

发育中的神经系统

在狗狗出生后的头几个月里，它们的神经系统从初级慢慢完善，直至达到成年期。在这个逐渐成熟的过程中，大脑受到不断的刺激，只有从经验中学习，神经系统才能被激活。被激活的神经回路将被一直保存在大脑里，而未被激活或者无用的回路将在神经系统发育的末期被大脑自动删除。这个选择的过程意味着，幼犬的早期经历和实践经验对神经发育有巨大的影响。

举例来说，如果母犬教授了规则，小狗在第5周左右的时候就开始有自控能力。小狗在调整自己的行为时，有抑制作用的神经回路将被选择，如果小狗在早期没有得到这种教育，成年后它将变得异常活跃，难以控制。

来到世界： 新生期

新生阶段指的是幼犬出生后10~15天，这时候，它们的眼睛还不能睁开，绝大部分时间都在睡觉，只在吸奶时才会醒来。这个阶段，它的行为只是反射的作用。它会向热源移动、拱找；当它的口鼻端碰到一个质地柔软的物体，它会停止爬行，转而朝向它碰到的物体。这个反射能帮助幼犬找到母犬的乳房。但是新生犬的运动能力非常有限，它只能爬行很小一段来寻找母犬的温暖。眼睛睁开，标志着新生期的结束。

认识世界： 过渡期

出生2~3个星期后，幼犬的感官能力飞速发展。到这个阶段结束时，幼犬有了视觉和听觉。同时，它的运动能力发展起来，能够移动了；发声系统也构建起来：它能有意识地发出初级的吠叫声和呼噜声。在第3周过渡期末时，它们的运动能力和感官系统发育起来，幼犬开始积极地探索周围的环境，认识世界。

> 我喜欢和人做伴！我喜欢撒欢儿！

发现世界： 社会化阶段

完成过渡期后，幼犬进入了社会化的发展阶段。这个阶段指它出生后的第3~12个星期，这是幼犬培养稳定情绪和将来具备自控力的关键时期。

在这个阶段，幼犬开始习惯陌生的事物，

尤其是去适应它经常接触到的陌生物种。如果狗狗不能接受某个物种，就会表现出害怕的情绪，对其进行攻击或者追逐（捕食）。

社会化的过程同时也包括了自控力和学习社群的运行规则。幼犬必须学习这些内容，才会性情温驯、讨人喜欢。

社会化

社会化是指犬类的习得过程，犬类学习与同物种的个体（种内社会化）或与其他物种的个体（种间社会化）进行互动。社会化的训练使狗狗可以融入狗群或人类社会。掌握沟通步骤、遵循社群规则在社会化过程中十分重要。

收养前：母犬和饲养环境的因素　　>>>

幼犬的社会化训练其实在它被主人收养前就开始了。幼犬出生的第4~8周，最好将其留在母犬身边，一只性情温驯的母犬能传达最基础的教育（自控能力、交流模式、社会生活的规则，习惯其他物种等）。幼犬需要通过社会化程度高的成年同类去学习如何掌握自控力，以及和同类交流的规则。在这一点上，小狗之间的互动没有任何积极的教育意义。很多幼犬的问题都源于母犬教育的缺乏，或者它所在的饲养环境缺少足够的感官刺激。因此，一只过早离开母亲的幼犬将没有能力学习，长大后也会变得很难相处（胆小、有攻击性等）。

被收养后，在第8～12周，幼犬所处的环境仍然是非常重要的，你还剩下几周时间来丰富它的"数据库"。正因为社会环境和幼犬平时的饲养环境很不一样，你必须尽可能经常带它四处走走，多让它和外界接触，丰富的社交经验对幼犬的发育非常有利。

要注意的是，这个阶段之后，所有未知的事物都可能让幼犬恐惧。你的小狗不爱上街，非常害怕汽车吗？它从来没见过小孩子，以为他们是一群大怪兽，会吓得逃跑，甚至对他们龇牙咧嘴吗？那么你必须马上行动起来，最大限度地给予它感官刺激，带它去热闹的地方（火车站、菜市场、大商场、学校的大门口等），让它与其他狗玩耍，让它与孩子和陌生人接触。不要把小狗关在无菌保护舱里：如果你要等它把所有的疫苗接种完再出门就太迟了，你的小狗可能一辈子都很胆小。

学习机制

对狗狗进行训练是个简单明了的学习过程。我们应当根据他们的认知水平来制订训练计划，让它们逐步学习、少犯错误。

通过联结来学习

条件反射，或者说通过联结来学习，是最广为人知的训练方法。条件反射是指将某种反应和外界刺激联结起来，或者将反应和后果联结起来。从最简单到最复杂的指令，绝大部分训练都利用了条件反射的原理。

奖惩分明

我们使用强化机制来训练幼犬，通过奖励和惩罚来鼓励或消除某个行为。强化机制是指通过某个交替出现和撤除的刺激，增加某个特定行为出现的频率。奖励（即正向强化）能够引发新的行为或固化某个良好的行为；相反，惩罚（即反向强化）则用来消除某个不良的行为。奖励和惩罚都必须有清楚的规则才能真正有效，但惩罚必须是偶尔为之的，通过正向强化（即奖励）来训练要有效得多。

奖惩适时　>>>

奖励要取得效果，必须在行为结束的时间点上。而惩罚则相反，惩罚的目的是让不良行为彻底消失，因此必须在不良行为一开始就介入，而且每次都重复。如果训练幼犬只借助惩罚，会有很大的局限性。幼犬每次发生不良行为的时候，主人都要在场，立即对它进行惩罚。其实，在狗狗犯了错误以后再惩罚它是没有用的，它不知道到底哪里做错了。

以如厕训练为例。主人一看到幼犬开始四处打探、找地方，就应该中断它的行为（抓住它后颈上的皮把它提起来，同时大声说"不行"），这样才能让它学会在正确的地方小便。当幼犬在指定的地点小便完后，主人才能给予奖赏。就这样，幼犬在真正开始执行前被主人中断某个不良行为，转而完成主人希望它练习的行为，例如在花园里小便，不断学习后，就逐渐养成了好习惯。

额外的奖励　>>>

奖励必须是非常规的，而且是狗狗真正期待的。把小零食或者小玩具留到训练的场景下再给，幼犬的学习兴趣就能被激发出来。对大部分的狗狗来说，一块平时就能吃到的小饼干并不能成为奖励，而一小块奶酪、肉条或者干点心就有可能激励它。

此外，当主人表现出高兴的样子，并温柔地抚摸狗狗，它会获得很大的满足。主人还可以在爱抚的同时加上几句表扬的话（例如"好棒""乖狗狗""很好"等）来鼓励它。

一开始，每次幼犬表现良好都要奖励，才能让它理解什么是被鼓励的行为；随后，为了维持幼犬的积极性，可以慢慢减少奖励次数，2～3次良好的表现奖励一次；最后，过渡到偶尔为之。实际上，奖励越没有规律性，就越有吸引力，幼犬完成良好行为的积极性也越高。

好棒啊，
有礼物！

🏆 惩罚有度 >>>

惩罚的措施应该让幼犬特别难受。把狗狗关黑屋子，让它闻自己的排泄物之类的手段毫无震慑性，最有效的惩罚是那些最接近狗群生活的自然法则的措施。对幼犬来说，有效惩罚是主人坚决地拎起它脖子后的皮并把它压倒在地。狗狗成年后，最好的惩罚手段是让它感觉被驱逐出族群，比如把它赶回自己的窝里去。

别忘了，狗狗一旦做出伏地的姿势，表达顺从，你就应该终止惩罚。这是它用自己的方式告诉你"停啦！我懂啦"。这时候，你就要停止惩罚它了。

通过模仿或观察来学习 🐾

这是重现某个模范行为的过程。如果幼犬和某只示范犬（例如家中另一只狗）的关系非常密切，这种学习方式就特别管用。

在进行召回训练时，我们可以先用一只完全听从召唤的成年犬做示范。当着幼犬的面，故意召唤和赞扬成年犬，以吸引幼犬的注意力，鼓励它模仿。接着，听从召唤的幼犬也会得到奖励。一开始，幼犬可以待在一旁，观察做示范的成年犬。

但是要注意的是，幼犬也可能模仿不良行为哦!

矫正不良行为

一个持续重复的行为没有得到强化而是逐渐消失的训练过程称为习惯化和移除。习惯化针对那些出于本能的行为（例如对快递员吠叫），移除则针对后天习得的行为（在主人吃饭的时候上桌子就是后天学会的）。

移除训练旨在让不良行为消失。例如，如果一只狗有在主人吃饭的时候扒桌子的坏习惯，彻底停止给它喂食就能消除这个行为。

移除和习惯化训练都需要建立非常严格的标准，主人必须坚决停止强化狗狗的某些行为。在前面的例子中，如果主人对小狗的恳求让步，忍不住"有时候喂喂"，这就是一种偶尔强化，实际上起了相反的效果，鼓励了狗狗的不良行为。如果狗狗对强化的消失非常排斥，反而变本加厉，比如为了得到食物坚持不断地扒桌子，主人就更不可让步。

归根结底，所有强化的因素都被发现并移除后，狗狗的不良行为才会消失。

复杂动作的训练

塑造法常用于训练复杂的动作，通常指对学习某种行为的中间过程进行逐步奖励。幼犬在学习过程中，一步步受到指引，它离目标越近，得到的奖励也越多。训练幼犬衔取物品就是一种塑造。一开始，幼犬把物品叼在嘴里就给它奖励；然后，当它把物品拿回来时再给；最后，等它听到命令后松口才能给奖励。请注意，狗狗每进一步，前面的阶段就不能再给奖励了。

突发刺激法

突发刺激是为了中止狗狗的某个行为，对它进行突然的反向刺激。当狗狗暂停它的动作，准备听从主人的召唤时，要迅速地把狗狗重新引导至被鼓励的行为。突发刺激短暂打断了当下动作，但是如果没有可替代的动作，狗狗将很快恢复原来的动作。

突发刺激法可以在狗狗的注意力降低，或者非常想做某个不良行为时使用。举例来说，当幼犬跑远了，要召回它时，可以使用一些突发刺激。

你可以借助工具（例如会喷射气体的遥控脖圈）或用手（拍手，向它旁边扔东西……），摇晃装满金属物体的铁罐子也是一种突发刺激，发出的响声能让狗狗停止不良动作。

这时，主人必须立刻给出一个替代动作的指令，例如，命令它"坐下"或"静止"，否则狗狗将很快恢复不良行为。

总　结

怎么训练新的行为？

- 强化

- 奖励

- 通过模仿或观察来学习

- 塑造

怎么消除不良行为？

- 惩罚

- 移除

- 习惯化

- 突发刺激法

训练时的沟通

训练是信息传递的过程，因此，主人和狗狗之间的沟通必须完全顺畅，双方都要彼此适应。

不同的世界

由于人类和犬类的听觉能力不一样，因此，他们优先接收信息的渠道也不同。人类优先使用听觉和视觉，而犬类优先使用嗅觉和视觉，它们的沟通方式是在此系统上建立起来的。人类喜欢用口头语言来交流，而犬类更喜欢用肢体语言（姿势、态度和表情）以及化学方式（气味）来沟通。

它到底想说什么

要懂你的狗狗，你得学会解读它的姿势和表情。任何单独的信号都没有含义，比如狗狗竖起背上的毛，可能是因为感觉到威胁，也有可能是为了表达某种情绪（兴奋，害怕……）。动作发生的背景和其他信号能帮你读懂它要传递的信息，如果只把注意力放在解读单独的信号上，就可能会弄错而导致误解。

把动作和语言联系起来 🐾

肢体语言和面部表情可以传递很多信息。为了让狗狗理解自己的意思，主人应该模仿狗狗之间相互交流的姿势（表1）。很多误解来自主人和狗狗之间互相看不懂。肢体语言要和主人的意愿完全一致。

语言和音调 🐾

哪怕是最聪明的狗狗，也听不懂人类的语言。只有经过训练，人类的词语才能从单纯的声音变成有意义的口令。但是，经过非口语手段的强化（例如手势、哨子和拍手发出的声音，说话时的节奏和语气等），狗狗完全可以接收到人类的语言信息。如果你发现狗狗把垃圾桶打翻了，就大喊"你又干什么坏事了"，你的小伙伴应该能感受到你的怒火。

呃，我没听懂哎……你再说一遍？

表1　用肢体语言来沟通

含义	幼犬的姿势（在族群中）	主人的姿势	容易被误解的姿势
示强	● 绷紧身体站立 ● 盯着对方的臀部或背部 ● 抬高头，竖起耳朵 ● 竖起尾巴 ● 背上的毛竖起 ● 上唇翘起，露出牙齿 ● 直线行走 ● 步伐缓慢	● 挺起胸膛，身体微前倾；挺直 ● 紧盯着狗狗的臀部 ● 皱眉 ● 缓慢地走 ● 朝狗走去	直接盯着狗狗的眼睛看，有可能被它理解成一种威胁，狗狗可能会进攻。而目光朝向臀部是一种强烈的支配者的信号
示弱	● 伏下身体，双腿夹着尾巴 ● 耳朵紧贴头上 ● 目光游移不定，看着别处 ● 犹豫着不敢靠近	● 胸部后倾，肩膀放松 ● 目光游移不定，方向不明，看向旁边 ● 没有目的地走动	狗狗采取这种姿势并不代表它被打败了或者恐惧
支配者的姿势	把爪子或头部放在被支配者的背部或者脖子上	抓住狗嘴或狗脖子	一场撕咬后，如果狗狗跑过来把爪子或头放在主人膝盖上，可不是为了说抱歉。它是来邀功的

含义	幼犬的姿势 （在族群中）	主人的姿势	容易被误解 的姿势
服从者的 姿势	● 躺下来，露出肚子、 　脖子或者肋部 ● 舔支配者的口鼻部 ● 目光游移 ● 伏低着身体离开	亲吻狗狗的嘴巴	肚子朝天的躺法并不一定表示服从，有些处在支配地位的狗狗把肚子露出来，只是希望得到爱抚
游戏时间	● 臀部翘起，压低上 　半身 ● 突然改变方向和姿势 ● 吠叫，露出牙齿	● 低下身子或蹲下来 ● 轻拍狗腿	当着狗狗的面，收拾被它弄坏的东西和打扫它的排泄物有可能被它理解为召唤它去玩耍

第二章

12堂幼犬
训练课

为什么要训练狗狗

你的幼犬必须受到基本训练才能养成温驯的性格，变得容易相处。本书根据狗狗的年龄和发展程度设计课程，教你容易操作的训练方法。

训练长度和频率

3个月大的幼犬集中注意力的时间非常有限，如果你把训练课时拉长，狗狗的完成度会下降，你自己也会失去耐心。训练时长不应超过20分钟，中间还要有休息时间。

训练幼犬应坚持趣味性，你可以选择狗狗熟悉的、安静的地方开始训练课，这样效果会更好。训练一旦开始，应该持之以恒，每天都要坚持。

保持耐心，坚持训练

有的训练项目持续时间会长一些，如果你碰到困难，肯定是有原因的。这时候不要放弃，重新回到上一步，加强你的奖励。

对主人来说，训练狗狗也是在锻炼自己的耐心。

幼犬训练最早可以从狗狗2个月大开始，但这时候要慢慢一步一步地来。

我们根据幼犬的能力大小，设计了不同阶段（表2）。每个课程前标注的年龄是指可以开始训练的月份，但是大部分练习只有等它们到了6个月左右才能完全掌握。

表2　年龄对照

等级和年龄	训练项目
初级 2月龄	● "召回"训练入门 ● 佩戴项圈和牵引绳
中级 2～4月龄	● "禁止"训练 ● "紧跟"训练 ● 口令"坐下" ● 口令"躺倒"
高级 4～6月龄	● "召回"训练 ● 戴着牵引绳散步 ● 口令"别动" ● 不扑到客人身上 ● 衔取物品和口令"拿来" ● 跟在主人后面出门

第一课
初级教程

"召回" 训练入门

> **目标** 狗狗能回应你的口令，如"过来"或"这里"
>
> **年龄** 2月龄
>
> 狗狗要学习"过来""这里"等召回口令的含义。听到这类口令，它应中止自己的动作，跑向主人。

如何训练

"召回"训练应尽早开始。幼犬很容易被主人吸引，年龄越小，学习这类指令越容易。

训练时，你可以做出邀请它玩耍的姿势，诱导它朝你跑来。然后用兴奋的语气叫出它的名字，并清晰地说出你的口令，如"过来"或者"这里"。

然后，逐渐加大你和狗狗的距离。但是不要指望能控制这个年龄的幼犬，尤其当它的注意力集中在别的好玩的东西上时。

蹲下来，双手轻拍大腿。呼唤狗狗的名字，说"过来"或"这里"。当它走近时，不停地鼓励它。

失败的情况

狗狗可能被什么特别有趣的东西吸引住了，它知道如果听从召唤就意味着放弃有趣的东西，所以，你用来训练召回的奖励要特别有诱惑力。

训练法则第一条，口令的音量要盖过环境的声音；第二条，与口令相关联的奖励物要有足够的诱惑力，让狗狗中断自己的动作。你可以摆出逗它玩的姿势，让它特别想过来，也可以给它一块垂涎已久的零食或者它酷爱的玩具。

要注意的事

● 不要因为狗狗没有及时服从而失去耐心，甚至惩罚它。狗狗能感受到你的不耐烦，不愿意跑回来。

● 不要只叫它的名字。名字之外，还要配合一个特定的指令。因为一天当中，在不同场合，狗狗会经常听到它的名字，它不一定能把名字和召回联系起来。对狗狗来说，主人喊它名字是说"看着我，有事儿"。

第二课
初级教程

佩戴项圈和牵引绳

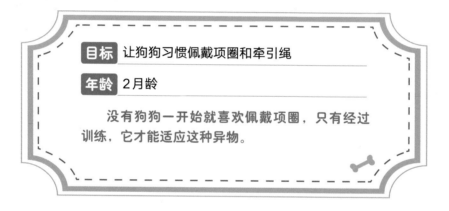

目标 让狗狗习惯佩戴项圈和牵引绳

年龄 2月龄

　　没有狗狗一开始就喜欢佩戴项圈，只有经过训练，它才能适应这种异物。

如何训练

　　使用轻型的布料项圈。把项圈围在狗狗脖子上，带它玩耍一会儿，1~2分钟后拿掉项圈。

　　逐渐增加佩戴时间，几次之后，狗狗带上项圈也不会不适应了。

　　狗狗适应项圈后，你就可以开始让它尝试牵引绳了，绳子要短而轻（长度为90厘米）。一开始的训练就像之前佩戴项圈一样，轻缓地给狗狗戴上绳子，和它玩一会儿，或给它零食吃，分散它的注意力。

失败的情况

通常情况下，经过3～4天的训练，幼犬就能佩戴着项圈和牵引绳而不做反抗了，但是有些太活泼的狗狗可能因为不适应这种轻微的控制而做出过激反应。

好吃！

要注意的事

● 如果你的狗狗反抗，试图把项圈扯掉，你一定不能让步。必须用游戏来分散它的注意力，否则它可能厌恶项圈，第一次课就坚持不了几分钟。

● 不要让狗狗追逐或啃咬牵引绳。牵引绳不是玩具哦。

第三课
中级教程

"禁止"训练

目标 让狗狗学习什么事情是禁止的

年龄 2~4月龄

　　"禁止"训练是狗狗的基础训练之一。主人使用"停"或者"不行"之类的口令，它就能够停止不良行为。

如何训练

　　使用可以比较自然地中断狗狗行为的信号（例如拍手），把信号和你的口令联系起来。它做得好的话，把它召回并鼓励它。

　　说出口令时，语气要严厉，肢体语言也要跟上：身子站直，双手叉腰，表情严肃，皱起眉头……为了避免狗狗不由自主地又去做被禁止的行为，在发出"不行"的口令后，你应随之发出另一个允许的行为指令。

失败的情况

"不行"这类指令是一种突发刺激，也就是用来中断某个正在进行的动作的，之后应给狗狗另一个替代指令，否则它会重拾被中断的行为。因此，发出"不行"的口令后，要马上有后续指令（召回或者说"坐下"）。说话时，语气和体态必须和口令本身一样严厉，因为这里表示的是禁止。

第四课
中级教程

"紧跟" 训练

目标	即使没有狗绳，狗狗也能跟着主人走
年龄	2～4月龄

　　"紧跟"训练是和佩戴牵引绳同步进行的，也会让后者的训练更容易一些。只要狗狗能对自己的名字做出反应，就可以开始训练了。

如何训练

● 第一步：用游戏的方式召唤你的狗狗，给它看个玩具。轻轻拍打大腿，清楚地把玩具展示给狗狗，嘴里发出响声逗它。它一过来碰到你的腿，马上说出口令"跟着"。你行走时，要保持兴奋的样子，不断变化节奏和方向。

这个阶段，狗狗先学习紧跟着你，理解"跟着"这个口令，即使走得乱七八糟也没有关系。

叫狗狗的名字，给它看个玩具。它一过来碰到你的腿，你就动起来，同时说"跟着"。

如果狗狗走远了，你就要停下脚步，说"不行"，并把玩具藏起来。它一回来，你再给它看玩具。

● 第二步：让狗狗靠近你的腿走，别走在前面也别落下。如果它走远了，明确转变你的态度，停下脚步，说"不行"，马上把玩具藏起来。狗狗一旦回到原来的位置，就重新给它看玩具，继续练习。

训练时，有时可以不使用玩具，而用食物作为奖励，有时可既不用玩具也不用奖励。

● 第三步：设计一条路线，里面有些障碍物。让狗狗在你身侧或附近曲线穿行，绕过障碍物。如果它分神了，你可以马上停下，叫它的名字，说口令"不行"，把它叫回来。

在进行这个阶段的训练时，没有必要使用玩具，曲线绕行本身就是很好玩的，但别忘了在训练结束后陪你的狗狗玩一下哦。

设计一个曲线绕行游戏，让狗狗在你身侧过"门"。

失败的情况

对狗狗来说，紧跟主人是相当自然的事。如果训练出了问题，可能是因为你的肢体语言对它来说还不够清晰。如果你不兴奋，姿势比较僵硬，手臂一直垂在身体两侧，你的狗狗肯定不想靠近你。

第五课
高级教程

口令"坐下"

目标	让狗狗听口令坐下
年龄	2～4月龄

　　"坐下"是简单的口令，能让你在各种情景下重新控制狗狗。狗狗坐下了，就表示对主人顺从，等待主人进一步的指令。

如何训练

当狗狗的头被动向后抬起，它没办法后退时，自然而然就会坐下。

● 第一阶段，按以下方法：

◆ 喊狗狗的名字，引起它的注意。走到它身边，蹲下，和它同高。

◆ 一只手放在它的胸前，另一只手放在它的后臀上；让它的头往后仰，一边弯曲它的膝盖，一边说出"坐下"的口令。

◆ 开始时，狗狗的后臀一接触到地面，就可以奖励它一点零食。注意要

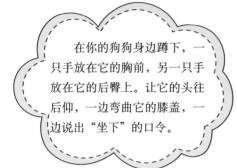

在你的狗狗身边蹲下，一只手放在它的胸前，另一只手放在它的后臀上。让它的头往后仰，一边弯曲它的膝盖，一边说出"坐下"的口令。

进行反复多次练习。

- 狗狗能自觉地弯曲后臀，就可以进入第二阶段的训练了

  ◆ 面对狗狗站好。

  ◆ 手里拿着零食。

  ◆ 把零食慢慢举过它的鼻子，同时说口令"坐下"。

  ◆ 等狗狗完全坐下了，把零食奖励给它。

面对狗狗站好，手里拿着零食，从狗鼻处开始把零食举起来，同时说"坐下"。

失败的情况

训练失败的主要原因是练得少。口令"坐下"应该成为一种条件反射，这是需要经常练习的，主人要利用一切日常生活的机会多让狗狗练习，如喂食时、出门前、玩耍前等。

如果狗狗换了环境，或者在新的场合下使用口令，可以重新借助奖励来让训练顺利一些。

要注意的事

● 不要按压狗狗的背部，迫使它后退坐下；这个动作会引起狗狗不必要的反抗，而且它也不理解为什么你要做强制措施。

● 如果狗狗不执行，没有必要一再重复口令"坐下"，否则它可能会把"坐下"这个词的声音和不正确的动作联系起来（例如，它趴下了），这不是训练的目的。开始练习时，只需要说两遍"坐下"。第一遍是当狗狗开始屈膝时，第二遍是当它完全坐下时。

● 不要说口令时"加料"。每次都应清晰地用同样的语调说"坐下"，没必要添油加醋，说成"你坐下""你能坐下吗"之类的。狗狗会感觉很混乱的！

第六课
高级教程

口令 "躺下"

目标 让狗狗听口令躺下

年龄 2～4月龄

"躺下"是"坐下"的进阶练习。狗狗有两种类型的躺倒动作：一种是戒备式的，狗狗正前腹部着地；还有一种是放松式的，狗狗身体倾斜侧躺。

如何训练

当幼犬主动躺倒时，你可以说出口令"躺下"，然后抚摸并表扬它。

和"坐下"一样，"躺下"也是一个可以让主人在各种情况下轻松掌控狗狗并让它顺从的口令。

● 第一步：当狗狗坐着时，把它的两个前脚往外掰，使它慢慢躺下。做动作时要非常轻柔缓慢，因为有的狗狗可能会慌张起来，做出服从的姿势。狗狗一旦完全躺下，你马上说口令"躺下"，给它点奖励并表扬它。

当狗狗坐着时，把狗狗的两个前脚往外掰，使它躺下。

另一种方法是：让狗狗坐下。在它面前蹲下，手里拿着点心，一边慢慢放低手掌，一边说"躺下"。如果它又站起来，你就把零食藏起来，重新开始。

让狗狗坐下。在它面前蹲下来，手里拿着点心，一边慢慢地放低手掌，一边说"躺下"。

● 第二步：一旦狗狗学会了"躺下"的意思，你就可以慢慢取消一半的奖励，同时保留手的姿势。偶然的奖励能让幼犬保持学习的动力。

● 第三步：站在狗狗面前，手臂垂下，清晰地说口令"躺下"。狗狗一开始会因为窘迫而尝试各种动作（坐下，退后……）。你要有耐心，保持冷静。狗狗最终会躺下来的，这时候你就可以奖励它了。

● 第四步：把口令扩展到在日常生活中不同的地方和不同的情境。

失败的情况

腊肠犬和塞式猎犬等品种由于胸部结构比较发达，用戒备式的姿势躺下比较困难，而有的品种就会很自然地采取这种姿势。

保持耐心

狗狗的学习不是一蹴而就的，别对它们要求太高了。一只才3~4个月大的幼犬只能乖乖躺几秒钟，等它学会"别动"的口令时，躺倒的时间才能慢慢延长。

我的奖励在哪儿呀？

第七课
高级教程

"召回" 训练

目标 我召唤狗狗，它就回来

年龄 2~4月龄

经过"召回"训练的狗狗就可以不戴牵引绳去那些允许遛狗的地方了。如果你叫狗狗的名字，它不回来，那么你去哪里都得拴着它。和入门课程相对应，本阶段是进阶课，目标是让狗狗不管在什么地方或什么情况下都能被召回。

如何训练

● 第一步：在家里开始训练。和入门课程相反，这时要让狗狗自由活动。如果家里有好几个人的话，请别的家庭成员安抚狗狗。如果只有你一个人，就把一些玩具散落在地上。站到狗狗附近，做出召回的姿势：弯腰，把手放在大腿上，拍手。

弯下腰，把手放在大腿上，召唤它并向它展示奖励物。

用兴奋的语调叫它，向它展示你准备好的奖励物。当它表现出兴趣时，立即说出召唤口令（"过来"或"这里"），这个口令以后也要一直相同。慢慢地走远一点，等待狗狗跟过来。然后要奖励它，用非常热烈的语气表扬它，高兴地摸摸它，再和它玩一会儿。经过一周左右的训练，狗狗就能领会"放弃某个行为，听从你的召唤"是对它是有利的。

● 第二步：这个阶段的要求提高了，狗狗要能够一听到你的召唤就回应。要具备这个技能，你得让它明白，如果它不听从召唤马上回来，会有讨厌的事等着它。最多召唤它三次，如果到第三次，它还是没过来，你就站起来，缓慢走近它。然后拎起它后颈的皮狠狠摇晃，进行惩罚。接着你重新回到原来的地方，再次用兴奋的语调和表情召唤它。这时，狗狗就会过来了，别忘了热情地表扬它，给它一个奖励。

如果狗狗叫不回来，你可以拎起它后颈的皮摇晃，进行惩罚。

注意：惩罚可能会吓到狗狗，但不应与召回相关的斥责混用。只有当狗狗没有回应时才能使用惩罚，即使它的反应速度不够快，也千万不要在它正在回来的时候用。

● 第三步：逐渐增加难度，在自然环境中重复练习，例如外出遛狗时。训练的终极目标是即使有别的狗狗在，你也能把你的狗狗叫回来。当你的狗狗发现有其他同类在，想和它们玩时，你可以根据上文说的原则练习召回。它听话回来的话，你就马上允许它回去和新朋友玩一会儿。

召回信号要清晰

给狗狗的召回信号必须足够明确，它才能正确接收。当狗狗被某种活动吸引了，它什么也听不到，你再大喊大叫也没用。这就好比当你自己沉浸在一部好看的电视剧里时，也听不到外界的声音，非得一个十分急迫的声音才能把你唤醒，例如电话铃声就有可能打断你追剧。对狗狗来说同样如此。因此，你可以在召唤它的同时发出很大的声响：使用哨子或者拍手。

失败的情况

召回是公认的比较难的训练。失败的原因有好几种：

◆ 你改变了口令：从"过来"变成了"你来这儿"。

◆ 你在驯狗时不能掩饰愤怒或不耐烦的情绪，因此，狗狗一点也不想回到你旁边。

◆ 你可能把召回和结束散步两个动作连起来了，狗狗不愿意就这么放弃自由时光，因此不肯回来。

◆ 只有当你手上有零食的时候，狗狗才肯跑回来。那可能是因为你疏忽了使用其他形式的强化。在训练的初始阶段，使用食物是比较有效的，但如果你一直只用食物作为奖励，时间长了，没有食物做诱饵，狗狗就不听你的了。因此，从第一次训练开始，就应让狗狗的奖励多样化，除了食物，可同时使用玩具、抚摸和口头表扬等手段。

如果我听话，你奖励我什么呢？

第八课
高级教程

戴着牵引绳散步

目标 让狗狗戴着牵引绳而不拉你

年龄 4～6月龄

让狗狗戴着牵引绳，和它一起散步应该是轻松的事。狗狗不应一直拖着你往前冲，都快把你的手拉断了，只有你才能决定去哪儿。如此，遛狗才是一段对你和狗狗来说都很惬意的时光。

如何训练

首先要注意牵引绳不能太硬。只要狗狗开始拉着牵引绳往前冲，你就立刻停下，跟它说停止的口令（例如"停"），然后召回它。当它朝你跑回来的时候，记得表扬它。接着，你从另外一个方向走，保持匀速。

经过几次练习后，当狗狗有往前冲的倾向时，你可以抖动牵引绳略作警告。要注意的是，拉狗绳并不是为了惩罚它，只是为了收回它的注意力。

当狗狗能够和你保持合适的距离时，要用语言鼓励它，如"很好""好棒"。

你可以制造突发情况，让狗狗保持注意力。例如突然改变行进方向；绕着大树跑，或者在路上放一样东西，做曲线绕行游戏；改变步伐的节奏等。

在练习时，应不断重复停止的口令"停"，命令狗狗坐下来，等1分钟再走。每次停下都要对它说"坐下"，这样，它就能逐渐学会"每当散步中断时，应该耐心地坐下等待"。

失败的情况

如果你过于频繁地拉动牵引绳，狗狗就会习惯这种轻微的制动，也忍不住拉扯绳子。别忘了，你只需要提醒狗狗守规矩。如果你怕拉得太猛，轻轻地用狗绳击打它的颈部就足够了。

你的狗狗看起来很烦躁不安吗？它可能是缺乏活动。另外，训练时间不应太长，训练之外，也要让它自由轻松地散散步。

如果以上几招都不管用，戴着牵引绳散步仍是你们之间的力量之争，建议去看一下宠物医生。你的狗狗可能有过分敏感和多动症的症状，即使它长大了，这种症状也可能不会消失。

第九课
高级教程

口令"别动"

目标 让狗狗待在原地，直到你同意它离开（二人练习）

年龄 4月龄开始

"别动"口令在日常生活中用处很多，可以用来抑制狗狗的冲动。在很多场景下，例如从车上下来、阻止狗狗去追逐同类或自行车，都要用到这个口令。

如何训练

只有当狗狗已经完全掌握了简单的口令之后，才能开始训练"别动"口令。

● 第一步：让狗狗坐下来。一个人站在狗狗旁边，给它看一个零食或玩具。同时，你走到离狗狗一步远的地方再回来。当狗狗保持不动，眼睛盯着零食的时候，重复说"别动"的口令。如果狗狗激动起来，上蹿下跳，你的助手应立即把零食藏起来，并说"不行"。等你走回到狗狗身边，再给它吃零食。

● 第二步：逐渐延长狗狗等待零食的时间（从几秒钟到1分钟）。这个训练也可以在喂食的时候进行。让狗狗先坐下，耐心等待几秒钟，再开始进食。如果它不服从，你就把喂食盆拿走，让它乖乖等一小会儿再给它吃。

失败的情况

有的狗狗怎么也抵挡不住零食的诱惑，此时，你可以把训练和一点轻微的身体抑制结合起来：拉住狗狗的项圈或卡住牵引绳不让它动。重点是让它理解"别动"这个口令的含义，让它知道完成练习能得到奖励。一旦它服从了，你可以马上把项圈或狗绳松开。

零食不能太好吃

在训练中使用的食物奖励应是中等程度的美味。和一块普通的小饼干相比，味道鲜美的小零食是狗狗无法抵挡的诱惑。如果食物让狗狗为之疯狂，那么应立刻换成玩具作为奖励。

第十课
高级教程

不扑到客人身上

目标 让狗狗学会不扑到客人身上

年龄 4月龄开始

你的客人不一定喜欢被一只上蹿下跳的小疯狗扑倒，即使这是狗狗为了表达看到他们很开心。一只有教养的狗狗在欢迎客人时不会扑上来。特别是对孩子和老人来说，被狗狗扑到身上有可能让他们失去平衡而摔跤。

如何训练

这个练习要建立在完全掌握"坐下"口令的基础上。训练时，你需要一个人帮你一起练习。

● 第一步：你拉着戴绳的狗狗站好，请你的助手站在四五米远的地方。助手面带微笑地看着你，慢慢走近。如果狗狗试图扑上来或很激动，助手就停下来，板起脸并把目光转过去。

请助手朝戴绳的狗狗走过来。一看到狗狗激动不安，就停下来，把目光转移开。

等狗狗不再过于激动地跳扑，给它一点奖励，请助手继续走过来……

● 第二步：如果狗狗已经能平静地等待你的助手走过来了，可以让它从训练一开始就坐下。重复第一步的训练方法。狗狗一离开坐姿，助手就停下来不走。当它乖乖坐着时，你要不时表扬它（如"很好""好棒"等）。

为了防止狗狗养成扑人的习惯，你应朝它微微弯腰，把手伸到它的高度。

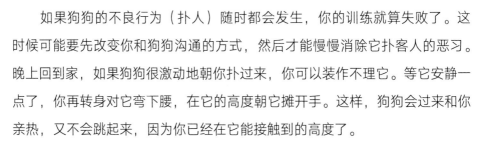

幼犬的本能

　　跳扑是幼犬的本能。在狗群里，为了示好，幼犬会扑过去舔大狗的口鼻。因此，不应对幼犬扑人进行惩罚，否则它会被弄糊涂的。你可以教它什么是良好的行为，但不要惩罚它。

失败的情况

　　如果狗狗的不良行为（扑人）随时都会发生，你的训练就算失败了。这时候可能要先改变你和狗狗沟通的方式，然后才能慢慢消除它扑客人的恶习。晚上回到家，如果狗狗很激动地朝你扑过来，你可以装作不理它。等它安静一点了，你再转身对它弯下腰，在它的高度朝它摊开手。这样，狗狗会过来和你亲热，又不会跳起来，因为你已经在它能接触到的高度了。

　　这样过一段时间，你可以尝试在它迎接你时使用"坐下"的口令。但是在日常生活中，每天这样训练一只尚且年幼的狗狗是不太可能的。你可以先反复练习之后，再将其引入真实的生活场景中。等到幼犬6个月左右有了理智，这个行为就会自然消失。

我是个乖狗狗……我不会扑到你身上的!

扑人是沟通的需要

狗狗扑到人身上，其实是为了和人沟通。不管你是温柔抚摸或者粗暴拒绝，只要你搭理它，它的目的就达到了。在进行防止扑人训练时，最重要的是在狗狗很小的时候，就不强化它的不良行为。想象一下，现在这个超级热情的小毛球扑过来还挺可爱，但等它长到40千克，四脚沾满泥巴的时候，就一点也不好玩了吧。

第十一课
高级教程

衔取物品和口令"拿来"

目标 让狗狗听从指令衔回玩具

年龄 4月龄开始

衔取物品的训练能增强狗狗的自我控制能力，保证主人无论在什么地方都能掌控形势。同时，这个训练能让狗狗把"不小心"占有的玩具（例如孩子的玩具）送回来。

如何训练

● 方法一：这个方法适合那些喜欢追逐玩具并把玩具叼在嘴里的狗狗。
训练步骤如下：

◆ 把玩具扔出去，让狗狗去抓。

◆ 用兴奋的语气召唤它，并摆出做游戏的姿势，引诱它回来。

◆ 它跑回来后，再给它看第二个玩具 —— 这就会让它对第一个玩具松口，然后说口令"拿来"并表扬它。

◆ 迅速抛出第二个玩具。

◆ 如果你一说口令"拿来"，狗狗就松口，无须再抛第二个玩具，默默把第一个玩具捡起来继续练习即可，可以不再使用第二个玩具。

● 方法二：这个方法适合那些不喜欢追着玩具跑、叼着玩具的狗狗。其原则是把训练动作拆分，从最后一步"拿来"口令开始。步骤如下：

◆ 引诱狗狗去叼玩具。如果它不怎么感兴趣，想办法提高它的兴致，例如把玩具扔到空中。

◆ 等狗狗叼到玩具，给它看一个奖励，鼓励它来拿。当它对玩具松口时，迅速说口令"拿来"。

◆ 把玩具放在地上，重新开始练习。先扔出去一小段距离，接着越扔越远……每次都引诱狗狗回来，使用召回的技巧。

不，我就不给你球球！

比较复杂的练习

衔取物品是相当复杂的行为，不同的狗狗表现不一。无论什么品种的狗，都能学会听命令归还物品。但是对幼犬来说，要放弃使它极为兴奋、很想保留的东西，无疑需要巨大的努力。

失败的情况

千万别重复"拿来"口令三次以上。如果狗狗太兴奋，就是叼着玩具不放，你应中止游戏，转身抬头看天，不要理它。你还可以一边吹口哨，一边打开一张大报纸，把头埋在报纸里装作阅读的样子，不让它看到你。如果它分心了，松开了玩具，你就赢了。这时候，你可以平静地把玩具捡回来，用一种轻松的姿态面带微笑地重新开始练习。

千万别强行把玩具从狗狗嘴里取出来。它们最喜欢牵拉的游戏，还特别喜欢被同伴追来追去。如果你想自己去拿玩具，它可会让你有的跑呢！

刚开始的时候，要求别太高，即使狗狗没有完全把玩具放在你的脚下，还是要表现出满意的样子。你可以逐渐引导它把物品放到指定位置。

第十二课
高级教程

在主人后面出门

目标 让你的狗狗跟在你后面出门

年龄 4月龄开始

　　被一只急着出去玩的狗狗挤在门口总是不愉快的。再说，社群的首领（这里，就是主人你）才是支配者，应该第一个跨出大门。此外，狗狗在这个时候稍等一下是十分有必要的，有的狗一看主人打开花园门或者车门，就很着急地冲到大街上，这是很危险的。

如何训练

● 第一步：在一个平常时段，叫狗狗过来坐在紧闭的门前。等它坐下来，30秒后给它一个奖励。打开门，同时配合说关键的口令"别动"。如果狗狗跳起来，你就重新关上门，装作没看见它，去做自己的事，只有当狗狗乖乖坐在门口了才能开门。几次练习后，它就会懂得最好耐心等待。

● 第二步：狗狗学会在关着的房门前等待。然后，你可以打开门，自己走出去，再转身召唤它。记得它一跨出房门就要奖励它，即使它跑得有点远也没关系。然后你再把门关上。

你可以把练习扩展到屋里的各个房间，最后尝试在大门口练习。

● 第三步：给狗狗戴上牵引绳，让它坐在大门口不动。如果它想冲出去，你就把手里的东西放下，平静地走开。这下，狗狗看上去有些不知所措了吗？一开始不要管它，过几分钟再重新开始。要知道，它刚拒绝了宠物界的终极奖励——外出散步！它很快就能学得更耐心一点。

失败的情况

　　有的狗狗过于兴奋或紧张，很难控制自己。当狗狗在一个平常时段能够耐心等待之后，再尝试最后一个步骤。没必要让自己陷入失败的局面，如果你赶时间，最好留到下次再训练，否则你们散步的时间会被大大延长。你就安然地出门，别管是谁第一个跨出大门了……下一次会更好的！

为何它什么也不肯学

一项训练成功与否，取决于很多因素。先不要指责狗狗，重要的是保持它听从命令的能力和学习的热情。

它什么也听不进

在某种程度上，是否听从命令取决于幼犬集中注意力的能力。因此，训练时吸引它的注意力和有一个安静的环境十分重要。

感官上的缺陷（例如视觉缺陷、耳聋）可能导致某些训练的失败。

主人的意愿、选择的口令和发出口令的方式必须完全一致。如果发出口令时，主人采取低姿态，肩膀下垂、低头屈身、目光游移、语调微弱而单调，十有八九会失败。狗狗不会接受一个被支配者发出的号令。同理，当你很生气，狗狗能清楚地捕捉到你的不耐烦时，往往不能把它召回，因为它不知道该信任哪种信号。

为了让狗狗立即懂得命令的含义，信号要一直保持不变。例如狗狗即使懂得"坐下"这个词的意思，它也不可能立刻领会"你去坐下"这句话的含义。

某些年幼时的行为性疾病会使幼犬集中注意力的能力降低。

胆小而情绪化的幼犬很容易被它认为有潜在危险的事情打乱。有的狗一走出自己家门附近的安全区，就完全沉浸在恐惧里。有的幼犬会特别胆小害羞，那是因为在它们更小的时候，没有得到足够的社会化训练，一点细微的声音都会让它们跳得老高，热闹的地方会让它们慌乱，它们会逃避和陌生人接触。有这类行为问题的狗狗是很难教育的，这类问题被称为感官缺失症，原因是幼犬在社会化阶段缺乏足够的刺激。

患有多动症的狗狗则会主动分心。所有外界刺激（一片树叶掉下来，一辆滑板车在街上经过……）都像是前所未有的大事，成为让它们心不在焉的根源。如果幼犬缺乏自控能力，它就不能调整自己的行为，或在需要时停止某个行为，也不能集中注意力。训练患有多动症的狗狗必须解决两个问题：冲动的性格和分散的注意力。

无论如何，要避免自己陷入对称攀升的恶性循环里。如果你对幼犬的紧张让步，它只会越来越不安，变得更加难以控制。

它没有学习动机

动机决定了幼犬在学习那些大部分情况下对它毫无意义的动作时，能投入多少。对它来说，佩戴牵引绳散步、不在家里上厕所之类的行为是很陌生的概念。

动机和强化的性质有关。进行强化时，应该使用自然的方式刺激幼犬，满足它的需要。食物、游戏和主人对它的肯定及鼓励都是一种强化，应选择那些可以引发幼犬动机的奖励形式。

外界环境、情绪以及和主人的关系都在动机中扮演重要的角色。对小狗来说，对主人的依恋关系尤其重要：让主人开心就是一个足够强的学习动机。对于处在青春期的狗狗来说，在日常生活中，人与狗的上下等级应该很清晰，主人的位置无疑就相当于狗群里的首领，因此，在训练中，必须遵从支配者的号令。

它表现出失助和焦虑

有的狗狗经过过于严厉的"军事化"训练后，会表现出行为紊乱。如果它承受过惩罚性刺激，甚至是它无法逃脱的疼痛刺激，可能会发展为习得性失助。

滥用电击项圈就可能引发这样的紊乱。在狗狗已经表现出服从的情况下，仍使用延迟惩罚或者延长惩罚时间会引发狗狗的焦虑和人犬之间的交流障碍。从长期来看，以奖励和良好的人犬关系为基础的训练是更有效的。

哈哈，读了这本书后，我们之间可以更好地交流了吧！